普通高等教育土木类"十四五"系列教材

土木工程结构
实验指导书

主 编 吴善幸 林 云 马东方

中国水利水电出版社
www.waterpub.com.cn
·北京·

内 容 提 要

本书是配合"土木工程结构试验"课程编写，供教学实验参考。本书包括常用实验检测设备基本操作、基本构件实验检测、结构静动态实验检测等 7 个实验，同时还对相关设备的操作方法、材料力学性能实验方法、实验数据的分析方法做了说明。

本书可作为土木工程相关专业的教学参考书，也可供相关工程技术人员参考。

图书在版编目（ＣＩＰ）数据

土木工程结构实验指导书 / 吴善幸，林云，马东方主编. -- 北京 : 中国水利水电出版社，2021.12
普通高等教育土木类"十四五"系列教材
ISBN 978-7-5226-0391-9

Ⅰ. ①土… Ⅱ. ①吴… ②林… ③马… Ⅲ. ①土木工程－工程结构－结构试验－高等学校－教材 Ⅳ.
①TU317

中国版本图书馆CIP数据核字(2022)第002702号

书　　名	普通高等教育土木类"十四五"系列教材 **土木工程结构实验指导书** TUMU GONGCHENG JIEGOU SHIYAN ZHIDAOSHU
作　　者	主编 吴善幸　林　云　马东方
出版发行	中国水利水电出版社 （北京市海淀区玉渊潭南路 1 号 D 座　100038） 网址：www.waterpub.com.cn E-mail：sales@waterpub.com.cn 电话：（010）68367658（营销中心）
经　　售	北京科水图书销售中心（零售） 电话：（010）88383994、63202643、68545874 全国各地新华书店和相关出版物销售网点
排　　版	中国水利水电出版社微机排版中心
印　　刷	清淞永业（天津）印刷有限公司
规　　格	184mm×260mm　16 开本　3.5 印张　85 千字
版　　次	2021 年 12 月第 1 版　2021 年 12 月第 1 次印刷
印　　数	0001—1500 册
定　　价	**18.00** 元

前　言

　　土木工程结构实验是学习和掌握工程结构理论的一个重要手段。在结构理论的发展中，结构实验是最有效的实践手段。通过实验教学，可以使学生加深对理论知识的理解、学会如何编制实验方案和数据分析处理、掌握常用仪器设备的使用操作和培养学生的实际动手能力。

　　本书根据"土木工程结构试验"课程的教学大纲要求编写而成，着重于培养学生的基本操作技能，为独立进行结构实验奠定基础。全书共分为三部分，第一部分为实验设备，介绍了等强度梁、静态应变仪、动态应变仪等设备；第二部分为基本实验，包含了机测仪表的构造和使用实验、电阻应变片粘贴技术及静态电阻应变仪的操作实验、电阻应变片灵敏系数的测定、悬臂梁动力特性的测定实验、简支钢桁架非破坏实验、钢筋混凝土简支梁弯曲破坏实验、钢筋混凝土受压构件破坏实验；第三部分为实验报告。

　　本书的主要特点如下：

　　1. 重视土木工程结构实验基本操作技能，使学生可以熟练使用常用设备仪表。

　　2. 重视实验分析能力的培养，列有预习思考题和思考题，引导学生分析问题、解决问题。

　　3. 每个实验都配有视频，演示实验设备操作的方法，方便学生尽快掌握。

　　本书由宁波大学吴善幸、林云、马东方担任主编。在编写时，参考了土木工程结构试验教材和多个兄弟院校的实验教材，在此表示衷心的感谢。

　　由于编者水平有限，书中难免存在错误和不足，望广大读者批评指正。

编　者

2021 年 7 月

目　录

第一部分 实 验 设 备

第一节 等 强 度 梁

一、原理

等强度梁为悬臂梁，如图 1-1-1 所示。当悬臂端加上一个荷载 G 后，距加载点距离 x 的断面上弯矩为

$$M_x = Gx$$

相应断面上的最大应力为

$$\sigma = \frac{Gx}{W}$$

则

$$W = \frac{b_x h^2}{6}$$

因而

$$\sigma = \frac{Gx}{\dfrac{b_x h^2}{6}} = \frac{6Gx}{b_x h^2}$$

式中 W——抗弯断面模量，断面为矩形；

$\quad b_x$——宽度；

$\quad h$——高。

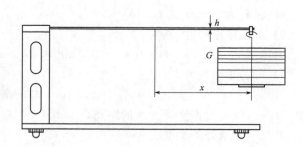

图 1-1-1 等强度梁

等强度指各个断面在力的作用下应力相等，即应力值不变。显然，当梁的高度 h 不变时，梁的宽度必须随着 x 的变化而变化，如图 1-1-2 所示。

因而

$$\frac{b_x}{x} = \frac{6G}{\sigma h^2}$$

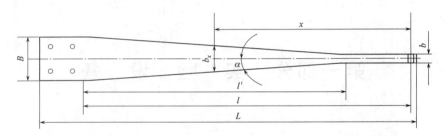

图 1-1-2 等强度梁悬臂

在 G、σ、h 不变时，$\dfrac{b_x}{x}$ 为定值，说明 b_x 随 x 呈线性变化。

由图 1-1-2 可知：
$$\frac{b_x/2}{x}=\tan\alpha$$

则
$$\frac{b_x}{x}=2\tan\alpha$$

$$2\tan\alpha=\frac{6G}{\sigma h^2}$$

因而
$$\tan\alpha=\frac{3G}{\alpha h^2}$$

k（$=\tan\alpha$）就是等强度梁的斜率。显然，当荷载确定后，根据梁所选用的材料确定许用应力 $[\sigma]$，而后合理地选择梁的长度比，就可以求得梁的厚度 h，再根据等强度梁的要求求出 $\tan\alpha$ 和 α 角。据此确定的几何尺寸加工后得到等强度梁。

二、技术指标

（1）最大加载量 $G=5$kg，过载系数为 20%。

（2）断面应力 $\sigma=1600$kgf/cm^2（满载时）。

（3）各断面应力的相对误差 $\delta=5\%$。

（4）材料为 1Cr13 或 2Cr13 不锈钢。

（5）梁的极限尺寸：
$$L\times B\times h=345\text{mm}\times 45.9\text{mm}\times 3.5\text{mm}$$

（6）梁的工作尺寸：
$$l\times B\times h=300\text{mm}\times 45.9\text{mm}\times 3.5\text{mm}$$

式中 l——荷重支点至梁支承的距离；

B——支承处的宽度。

（7）等强度的有效长度 $l_1=240$mm。

（8）有效长度段的斜率 $\tan\alpha=0.0765$。

第二节 静态电阻应变仪

一、原理

电阻应变片是用来感受应变的传感器，其电阻值的变化和应变成正比：

$$\frac{\Delta R}{R} = K\varepsilon$$

式中 K——应变片的灵敏系数，一般由生产厂家标定好。

电阻应变仪是测量微小应变的精密仪器。通过电桥把应变片感受到的微小电阻变化转换电压信号，然后将此信号输入放大器进行放大，再把放大后的信号用应变表示出来。

DH3818-3 型静态应变测试仪每台有 10+1 个测点。手动测量时，一组 LED 数码管显示通道号和应变值，另一组 LED 数码管可显示独立一个测点的测量值。每个测点分别自动平衡，还可根据应变计的灵敏系数、导线电阻、桥路方式以及各种桥式传感器灵敏度，对测量结果进行修正。同时，可用一台计算机通过 RS-232 口直接观察最多 16 台仪器的测试状态。

DH3818-3 型静态应变测试仪如图 1-2-1 所示，可以根据测量方案完成全桥、半桥、1/4 桥（公用补偿片）状态的静态应力应变的多点巡回检测；和各种桥式传感器配合，实现压力、力、荷重、位移等物理量的多点巡回检测；与热电偶配合，通过热电偶分度号的计算，对温度进行多点巡回检测；对输出电压小于 20mV 的电压信号进行巡回检测，分辨率可达 $1\mu\varepsilon$。

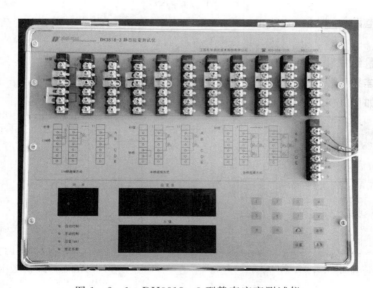

图 1-2-1 DH3818-3 型静态应变测试仪

下面以 1/4 桥、120Ω 桥臂电阻为例对测量原理加以说明。

在图 1-2-2 中：R_g 为测量片电阻，R 为固定电阻，K_F 为低漂移差动放大器增益，

因为 $$V_i = 0.25 E_g K\varepsilon$$

即 $$V_o = K_F V_i = 0.25 K_F E_g K\varepsilon$$

所以 $$\varepsilon = 4V_o / E_g K K_F$$

式中 V_i——直流电桥的输出电压；

E_g——桥压；

K——应变计灵敏度系数；

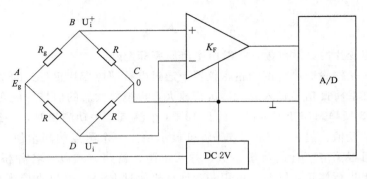

图 1-2-2　测量原理

　　ε——输入应变量；

　　V_o——低漂移仪表放大器的输出电压，μV；

　　K_F——放大器的增益。

当 $E_g = 2V$、$K = 2$ 时，$\varepsilon = V_o / K_F$（$\mu\varepsilon$）。

对于 1/2 桥电路：

$$\varepsilon = 2V_o / E_g K K_F$$

对于全桥电路：

$$\varepsilon = V_o / E_g K K_F$$

这样，测量结果由软件加以修正即可。

二、桥路连接

桥路连接如图 1-2-3 所示。

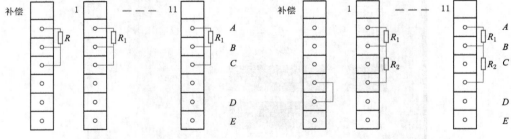

（a）1/4桥路连接方式（公共补偿）　　　　　　　（b）半桥路连接方式(单独补偿)

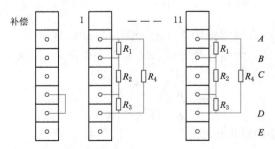

（c）全桥路连接方式

图 1-2-3　桥路连接方式

三、操作

（1）接通电源，按下电源开关。

（2）将各工作片和温度补偿片分别和静态应变测试仪相连。

（3）按"通道号数字"键，再按"确认"键。

（4）按"设置"键，设置修正系数再按"确认"键。

（5）按"平衡"键，再按"确认"键，使测点应变值窗口显示为"0000"。

（6）重复上述步骤使得每个测点都平衡到零。

（7）开始加载测量，每级荷载加载完毕后，记录每个测点的数据（注意正负号）。

第三节　CF3825A 高速信号测试分析系统

一、工作原理

高速信号测试分析系统的应用范围广，可用于应力应变、电压、桥式传感器测量，也可以对 50mV 以下电压等物理量进行测试和分析，最高 2kHz 采样。

各采集器与交换机并行连接，构成大型分布式高速信号测试分析系统，如图 1-3-1 所示。

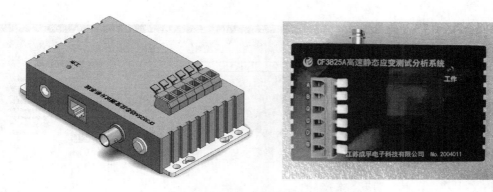

图 1-3-1　大型分布式高速信号测试分析系统

二、操作

1. 新建项目

运行控制软件，单击工具栏的"新建工程"按钮，左边工具栏出现如图 1-3-2 所示的界面。

2. 参数设置

通道参数直接在软件界面下面的通道参数面板进行设置。"通用参数"面板设置测量内容，包括电压测量、应变应力、桥式传感器。系统默认为"应变应力"选项，每通道测量项目可单独设置，如图 1-3-3 所示。

（1）应变应力。进行应变应力测量时使用的通道参数栏如图 1-3-4 所示。

桥路有 3 种，即 1/4 桥、半桥、全桥。

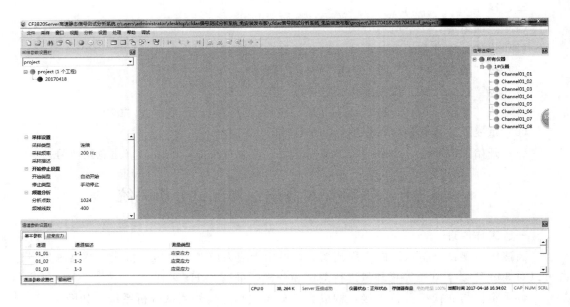

图 1 - 3 - 2　分析系统软件界面

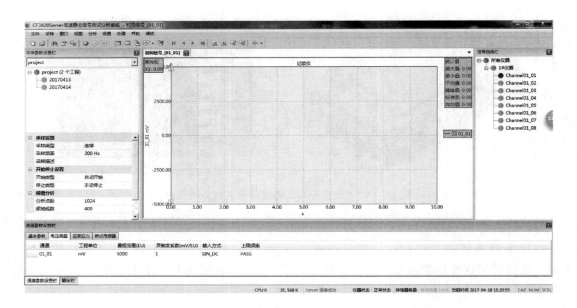

图 1 - 3 - 3　通道参数设置

1）1/4 桥对应的连接形式如图 1 - 3 - 5 所示，仪器内部的 120Ω 或 350Ω 标准精密电阻作为温度补偿片。

2）半桥对应的连接形式有单工作片、双工作片、直角 3 种选择，直角的接法如下：

选择"半桥 1"时半桥的两只应变片—只是工作片、一只是补偿片（图 1 - 3 - 6）。

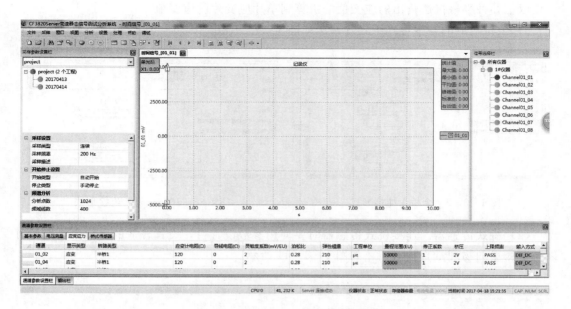

图 1－3－4　应变应力通道参数设置

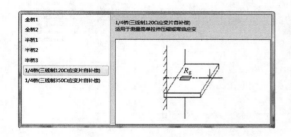

图 1－3－5　1/4 桥连接形式

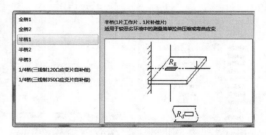

图 1－3－6　半桥 1 连接形式

选择"半桥 2"时半桥的两只应变片在结构的同一侧，成直角排列（图 1－3－7）。

选择"半桥 3"时半桥的两只应变片均为工作片，且这两只应变片应分别位于结构的上下两侧，一只受拉、一只受压，大小相等，方向相反（图 1－3－8）。

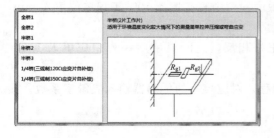

图 1－3－7　半桥 2 连接形式

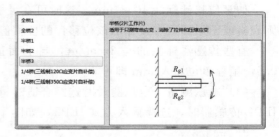

图 1－3－8　半桥 3 连接形式

以上 3 种半桥接法输出的应变值均折算到单片应变片的应变值。

3）全桥对应的连接形式工作片接法如图 1-3-9 和图 1-3-10 所示。

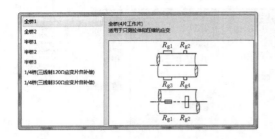 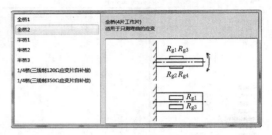

图 1-3-9　全桥 1 连接形式　　　　　　　　图 1-3-10　全桥 2 连接形式

（2）桥式传感器。连接桥式传感器时要使用参数设置栏，设置合适的灵敏度，这样可以与要测量的物理量直接对应，如图 1-3-11 所示。

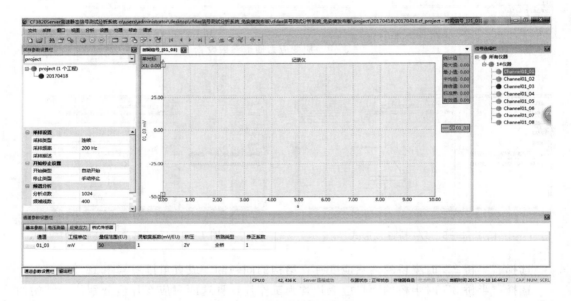

图 1-3-11　连接桥式传感器参数设置

如某位移计标注 $10\mu\varepsilon/mm$，这时可在灵敏度一列中直接填入 10，工程单位填入 mm，则表格或图形即可直接显示该位移计的位移值。

有些传感器标注的是 $2mm/\mu\varepsilon$，与上面正好相反，这时灵敏度一列中应填入 $1/2=0.5$，工程单位填入 mm 即可。

（3）电压测量。电压测量时选择合适的量程，对应接入的传感器输入灵敏度系数。接 IEPE 传感器时，选择输入方式 IEPE，如图 1-3-12 所示。

3. 平衡清零

在测量前一般先要进行平衡 📋、清零 🔧 操作，读取各测点的初始不平衡值，用

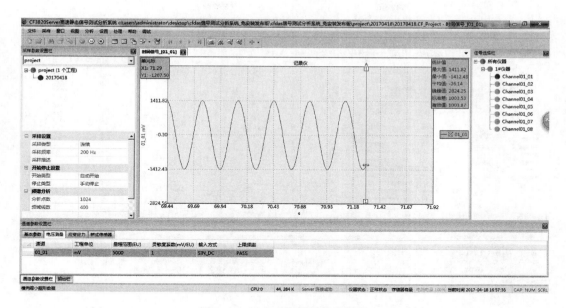

图 1-3-12　电压测量参数设置

以修正测量的结果。单击工具栏的"平衡、清零"按钮，软件自动弹出一个单页表格，显示平衡结果。如果显示"零点过大"，需检查桥路是否空载或者导线电阻值是否过大。平衡结果显示值保存在相应的工程文件中。测量时如果本次测量与以前某次测量设置的参数一样，直接选择工具栏的"导入参数"。

4. 设置视图窗口

应变仪采集的数据是以各种类型的视图显示出来的，主要有以下几种类型的视图：

（1）多批次表格。

单击多页表格按钮 　。

多页式表格是用来记录测量数据的表格，如图 1-3-13 所示。它可以将多次测量的结果以表格的形式保存下来，便于浏览数据以及前后结果的比较。其记录的信息包括全部选定测量通道的数据、测量时间工程信息等内容。

（2）单批次表格。

单击单页表格按钮 　。

单页式表格可以将一次测量的数据在一个表格中显示出来，如图 1-3-14 所示。在测量通道较多时，能够观察到全部通道的数据。

（3）时间信号曲线。

单击时间信号曲线按钮 　，如图 1-3-15 所示。

选择右边信号选择栏仪器测点，可以多测点信号同时单窗口显示，如图 1-3-16 所示。

（4）应变花表格。

单击菜单栏，设置应变花计算，弹出设置窗口，如图 1-3-17 所示。

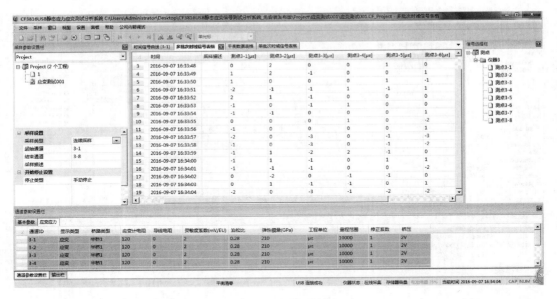

图 1 - 3 - 13　多批次表格视图

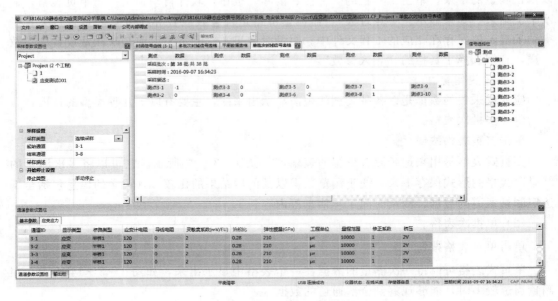

图 1 - 3 - 14　单批次表格视图

可选择"添加""删除"应变花,也可将应变花设置参数导出,再在需要时直接导入。

5. 采样方式及参数设置

根据实际应用场合的不同可以选择不同的采样方式,在左侧的工具窗口进行选择,如图 1 - 3 - 18 所示。

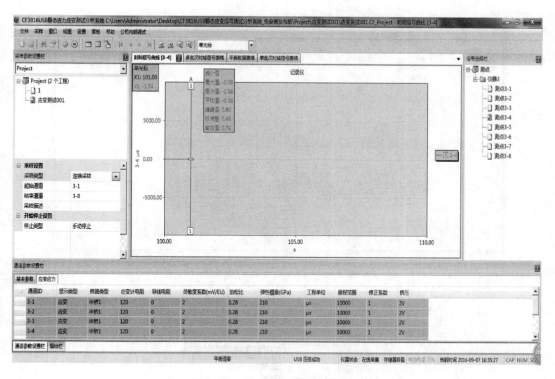

图 1 - 3 - 15 时间信号曲线视图

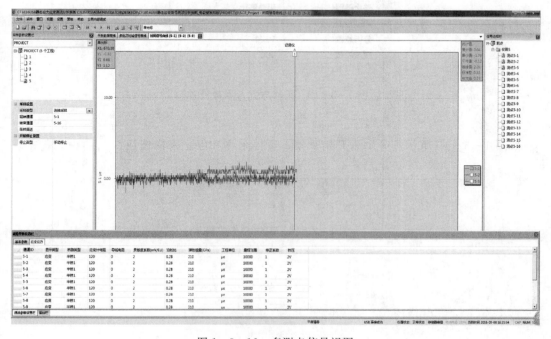

图 1 - 3 - 16 多测点信号视图

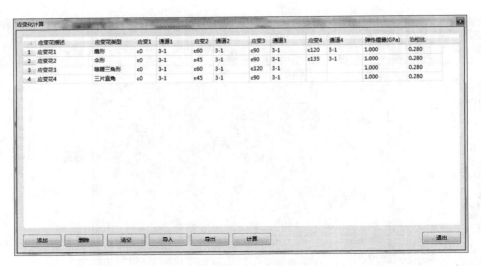

图 1-3-17　应变花表格视图

图 1-3-18　采样方式及参数设置

6. 采样

如图 1-3-19 所示，分别为开始采集、暂停采样和停止采样按钮。

图 1-3-19　采样操作按钮

第二部分　基　本　实　验

实验一　机测仪表的构造和使用实验

一、实验目的

（1）掌握结构实验常用的几种机械式量测仪表及传感器的工作原理、构造及安装和测读方法。

（2）认识各类实验室机测仪表的构造及优缺点。

二、实验设备

（1）等强度悬臂钢梁一套。

（2）百分表一块（图 2-1-1）。

（3）磁性百分表支座一套。

（4）蝶式引伸仪一套（图 2-1-2）。

（5）30cm 钢尺一把。

（6）砝码（1.5kg）。

图 2-1-1　百分表

图 2-1-2　蝶式引伸仪

三、实验原理

等强度梁在荷载作用下发生弯曲变形，使用百分表测量梁端位移。百分表内设齿轮放大机构，能测量微小的位移，顶杆产生 1mm 的位移，刻度盘的指针旋转 1 周。

蝶式引伸仪是在机架上安装百分表，蝶式引伸仪分别测量上、下边的变形，从而计算得到上、下边缘的应变。

四、实验步骤

1. 等强度梁加载实验

（1）在梁上安装杠杆应变仪和百分表。

（2）记录仪表所在位置与加载点距离 x。

（3）记录各仪表初始读数。

（4）加荷载，将试验荷载分三级加载，记录各级荷载下的仪表读数。

（5）卸载也分三级进行，记录各仪表读数。

（6）整理记录资料，写出试验报告。

2. 认识和熟悉下列各种机测仪表

（1）位移计：百分表、千分表。

（2）应变仪：手持式应变仪（图2-1-3），蝶式引伸仪。

（3）倾角仪。

（4）测力计：测力环（图2-1-4）。

（5）非破损检测仪器：读数显微镜（图2-1-5），混凝土回弹仪（图2-1-6）。

图2-1-3　手持式应变仪　　　　　　图2-1-4　测力环

图2-1-5　读数显微镜　　　　　　图2-1-6　混凝土回弹仪

五、实验数据处理

等强度梁截面应力计算：

$$\sigma_x = \frac{M}{W} = \frac{PL}{\dfrac{bh^2}{6}}$$

等强度梁梁端挠度计算：

$$f = \frac{PL}{2EI}(X-L)^2$$

式中　M——弯矩；

　　　W——弯曲截面系数；

　　　I——惯性矩；

　　　L——等强度梁的总长度；

　　　b——等强度梁根部的宽度；

　　　h——等强度梁的平均厚度；

　　　E——弹性模量，钢材 $E = 2.06 \times 10^5\,\mathrm{MPa}$。

六、预习思考题

（1）结构实验中主要量测哪些物理量？

（2）选用量测仪表时应考虑哪些方面？

实验二　电阻应变片粘贴技术及静态电阻应变仪的操作实验

实验二

一、实验目的

（1）掌握电阻应变片的选用原则及方法。

（2）学习电阻应变片的粘贴技术。

（3）熟悉静态电阻应变仪的操作规程。

（4）掌握静态电阻应变仪测量的基本原理及接线方法。

二、实验设备

（1）等强度梁。

（2）电阻应变仪。

（3）应变片、电烙铁及其他工具。

（4）荷重块。

（5）电阻万用表。

（6）黏结剂（502 胶水）、无水酒精、绝缘带、棉球。

（7）电源及导线等。

三、静态电阻应变仪的测试原理及应变片的粘贴技术

（一）测试原理

静态电阻应变仪的读数（$\varepsilon_{仪}$）与各桥臂应变片的应变值有如下关系：

$$\varepsilon_{仪}=\varepsilon_1-\varepsilon_2+\varepsilon_3-\varepsilon_4$$

式中　　ε_1、ε_2、ε_3、ε_4——AB、BC、DC、AD 桥臂上的应变值；

$\varepsilon_{仪}$——仪器的应变读数。

如果工作片 R_1 接在应变仪 AB 桥臂上，另外两个桥臂电阻由应变仪内部电阻构成，则构成半桥接线法（图 2-2-1），这时应变仪读得的应变值即为该测点的应变值：

$$\varepsilon_{仪}=\varepsilon_1-\varepsilon_2=\varepsilon_L-\varepsilon_{\Delta R}+\varepsilon_{\Delta R}=\varepsilon_L$$

此时测量的灵敏度即为仪器本身的灵敏度。ε_L 为 R_1 贴片处的实际拉应变。

若将 R_2 贴在梁上与 R_1 同一截面的压区，这时半桥的两电阻为工作片，且互为补偿片（图 2-2-2）。应变仪读出的应变值为

$$\varepsilon_{仪}=\varepsilon_1-\varepsilon_2=(\varepsilon_L+\varepsilon_{\Delta R})-(-\varepsilon_L+\varepsilon_{\Delta R})=2\varepsilon_L$$

如同一截面的拉区同时贴的 R_1、R_3 片分别接到 AB 桥臂和 CD 桥臂上，温度补偿片 R_2、R_4 片分别接到 BC 桥臂和 AD 桥臂上（图 2-2-3），这时构成了全桥接线法，应变仪读出的应变值为

$$\varepsilon_{仪}=\varepsilon_1-\varepsilon_2=2\varepsilon_L$$

上述两种接法均可将测量的灵敏度提高到 2 倍。

若将 R_2、R_4 接到与 R_1、R_3 同一截面的压区上（图 2-2-4），这样组成了全桥接线法，且互为补偿。应变值为

$$\varepsilon_{仪}=\varepsilon_1-\varepsilon_2+\varepsilon_3-\varepsilon_4=4\varepsilon_L$$

这种全桥接线法可将灵敏度提高到 4 倍，读数精度较高。

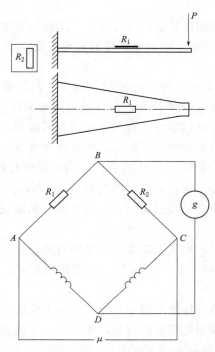

图 2-2-1　弯曲应变半桥接线（单补偿）

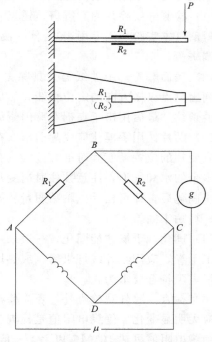

图 2-2-2　弯曲应变半桥接线（互补偿）

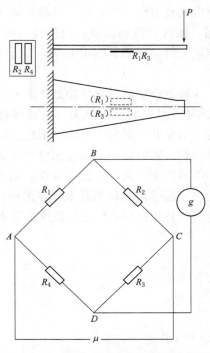

图 2-2-3　弯曲应变全桥接线（单补偿）

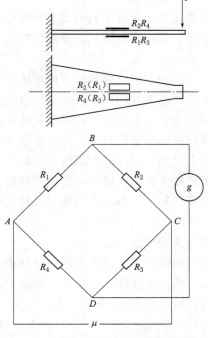

图 2-2-4　弯曲应变全桥接线（互补偿）

（二）电阻应变片粘贴技术

电阻应变片粘贴一般需经历以下几个步骤：

（1）检测。剔除片内有霉斑、锈点、气泡及丝栅形状缺陷的应变片，用惠斯登电桥测量电阻值（本实验采用万用表），同一测区应变片的电阻值相差不得超过 $\pm 0.5\Omega$，否则不能预调平衡。

（2）表面磨光。用砂纸等工具除去试件待测表面漆层、电镀层、锈斑、污垢等覆盖层，划出测点纵横方向的定位轴线，然后用 0 号砂纸打磨干净，再打成与测量方向呈 45°交叉的条纹，最后用镊子夹棉花蘸丙酮沿一个方向擦拭清洗，直到棉花上无污垢为止。

（3）贴片。用手捏住应变片引出线在其背面均匀涂抹一层胶水，然后放在测点，迅速调整应变片的位置，使其对准方位线，在应变片上覆盖一小片塑料纸，用拇指轻轻滚压，挤出多余的水和气泡，注意按住时应变片位置不能移动，最后用手指轻按 $1\sim2\text{min}$，使胶水初步固化后，即可松手。粘贴质量较好的应变片应是胶层均匀、位置准确、粘贴层内无气泡、粘贴牢固。

（4）固化。干燥才能固化，一般采用自然干燥，当气温较高时可采用自然固化。如采用人工干燥，应用红外线灯烘烤（或热风机），温度不要高于 50℃，还要避免骤热，烘干到绝缘电阻符合要求为止。

（5）检查。除外观检查外，还需要检查电阻值及绝缘电阻值，应变片的电阻值在粘贴前后应无明显变化。绝缘电阻值是检查胶层干燥和固化程度的指标，胶层完全干燥或固化后，绝缘电阻值可达 $10^4\,\text{M}\Omega$ 以上。一般静动态测量均大于 $200\text{M}\Omega$ 方为合格。

（6）固定导线及焊接。在应变片引出线下面的试件上，贴一层白胶布或玻璃胶纸等绝缘材料，将引出线与试件隔离，防止短路。然后将应变片引出线固定好，以防止扯坏应变片。应变片到应变仪之间的测量导线布置，应使同一测区导线同规格、同型号、同长度，排列整齐，分区成束捆扎，屏蔽线接地，连接焊点应光滑、牢固，防止虚焊。引出线应编号并记录。

（7）防护。当应变片的工作环境需要防潮时，在检查合格后，立即涂上防潮剂，涂层范围应超过应变片四周 $5\sim10\text{mm}$，并把引出线周围接导线的接头全部盖上。防潮材料可用医用凡士林（需脱水）石蜡合剂或环氧树脂胶等。当贴片在混凝土内部的钢筋上时，除防潮外，还需要做防护罩，以防振荡而引起的机械损伤。防护罩的做法是在敷设好防水层的钢筋上涂刷一层环氧树脂胶，用电工玻璃丝带和医用纱布一边缠一边再涂胶，使丝带浸透环氧树脂，并不能留孔，在缠好的玻璃丝带外再刷一层薄薄的环氧胶水，室温固化 24h 后可浇灌混凝土。引出线端部用过氧乙烯胶或用电烙铁热压封口，防止导线端头进水破坏绝缘。

四、实验步骤

（1）测出等强度梁的几何尺寸并确定贴片的位置。

（2）按上述步骤进行贴片、接线等。

（3）将应变仪预调平衡。

（4）实验前，先加 $1\sim3$ 级预加荷载，观察仪表的工作是否正常。

（5）正式试验，每级加 0.5kg，按一定的时间间隔进行读测，共四级，记录读数，加卸载重复 3 次。

五、实验数据处理

等强度梁截面应力计算：

$$\sigma_x = \frac{M}{W} = \frac{PL}{\dfrac{bh^2}{6}}$$

$$\varepsilon = \frac{\sigma_x}{E}$$

式中 M——弯矩；

W——弯曲截面系数；

L——等强度梁的总长度；

b——等强度梁根部的宽度；

h——等强度梁的平均厚度；

E——弹性模量，钢材 $E = 2.06 \times 10^5\,\mathrm{MPa}$。

六、预习思考题

(1) 简述贴片方案的力学原理和桥路接法。

(2) 简述电测应变的优缺点。

实验三　电阻应变片灵敏系数的测定实验

实验三

一、实验目的

（1）进一步熟悉电阻应变仪的原理。

（2）掌握一种电阻应变片灵敏系数 K 值的测定方法。

二、实验设备

（1）等强度梁。

（2）待测电阻应变片、电阻应变仪。

（3）电烙铁及其他工具。

（4）荷重块。

（5）电阻万用表。

（6）黏结剂（502 胶水）、丙酮、绝缘带、棉球。

（7）电源及导线等。

三、实验原理

灵敏系数 K 是电阻应变片的一个重要的综合性能指标，其值的准确度对测量精度影响很大，电阻丝的灵敏系数与其敏感栅材料本身的灵敏系数不同。由于受成型工艺、结构形状和黏结剂等影响，一般应变片的灵敏系数小于敏感栅材料本身的灵敏系数，所以一般均需用试验方法测得，对要求较高的应变测量，灵敏系数 K 的检测是必须的，试验在具有一定精度的装置上进行，并要求比较高的贴片质量。

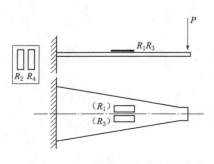

图 2-3-1　等强度梁试验装置

由应变片的工作原理可知：

$$\Delta R/R = K\varepsilon \qquad (2-3-1)$$

对图 2-3-1 所示的等强度梁，在荷载 P 的作用下，ε 值可以由等强度梁的几何尺寸及材料弹性模量 E 计算得到，而通过电阻应变片 R_1、R_2 及静态电阻应变仪可以得到如下关系式：

$$\Delta R/R = K_{仪}\,\varepsilon_{仪} \qquad (2-3-2)$$

从式（2-3-1）、式（2-3-2）可求出应变片的灵敏系数 K：

$$K = K_{仪}\,\varepsilon_{仪}/\varepsilon$$

四、实验步骤

（1）测出等强度梁的几何尺寸并确定贴片的位置。

（2）按实验二介绍的方法沿梁纵向贴好待测的应变片。

（3）将应变仪预调平衡。仪器的灵敏系数 $K_{仪}$ 调至 2.0。

（4）实验前，先加 1～2 级预加荷载，每级加 0.5kg，观察仪表的工作是否正常（不记应变读数）。

（5）正式实验，1～3 级施加荷载，每级加 0.5kg，记录加载值，重复加、卸载 3 次。

五、实验数据处理

应变片灵敏系数
$$K = \frac{\varepsilon_{仪}}{\varepsilon_{计}} K_{仪}$$

平均值
$$\overline{K} = \frac{K_i}{n}$$

标准偏差
$$\delta = \frac{1}{\overline{K}} \sqrt{\frac{\sum\limits_{i=1}^{n} (K_i - \overline{K})^2}{n-1}} \times 100\%$$

六、预习思考题

简述电阻应变片灵敏系数 K 的物理意义。

实验四　悬臂梁动力特性的测定实验

实验四

一、实验目的

（1）学习动态应变仪的测试技术。

（2）熟悉动态电阻应变仪及记录设备操作和联机的使用方法。

（3）学习用自由振动法测定结构的自振频率和阻尼比。

二、实验设备

（1）等强度梁及荷重块。

（2）电阻应变片、动态电阻应变仪及计算机。

（3）电烙铁及其他工具。

（4）电阻万用表。

（5）黏结剂（502 胶水）、丙酮、绝缘带、棉球。

（6）电源及导线等。

三、实验原理

如图 2-4-1 所示的悬臂梁，当悬臂端给定某一初始位移 Y_0 后，此时梁的变形形状

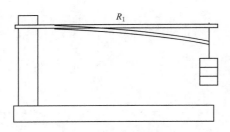

图 2-4-1　悬臂梁振动

与结构的第一振型一致，放手后，梁按第一振型发生振动，振动频率为第一自振频率：

$$Y(X,t)=\Psi(X)\exp(-\zeta\omega t)\sin(\omega t)$$

式中　$\Psi(X)$——梁振动形函数；

ω——自振频率；

ζ——阻尼比。

此时，贴在梁上的应变片 R_1、R_2 随着结构的振动过程而不断变化，其规律与梁的振动一致。所以，测点的振动周期及阻尼比即为梁本身的周期及阻尼比。

四、实验步骤

1. 准备工作

（1）布置贴片：根据结构特点，在梁上布置应变片，方法按照实验二。

（2）估计待测结构的自振频率（基频），并考虑到各种复杂的情况，取基频的 5～10 倍作为被测频率的上限。

2. 仪器调试

（1）将应变片和测试系统用导线连接，并将测试系统连接至电脑，实验装置如图 2-4-2 所示。

（2）设置应变应力测试参数。应变计的连接方式、应变计的电阻、导线电阻、灵敏系数、修正系数、泊松比、满度值和上限频率。

（3）设置采样条件。采样速率、采样过程和显示通道。

（4）平衡操作。

图 2-4-2 实验装置

3. 正式实验

（1）启动采样。

（2）按设计，悬挂一定重量的荷重块，并给梁以某一初始位移 Y_0，使其产生自由振动，记录动应变曲线。

4. 用不同的荷载块重复上述步骤 3 次

五、实验数据处理

（1）在记录图中，测得振动一个周期 T。

（2）结构的自振频率：

$$\omega = \frac{2\pi}{T}$$

（3）结构的阻尼比：

$$\xi \approx \frac{1}{2k\pi} \ln\left(\frac{L_n}{L_{n+k}}\right)$$

（4）理论的结构自振频率：

$$\omega_{理论} = \sqrt{\frac{2EI}{ML^3}}$$

式中　L_n——第 n 个波峰的峰值；

L_{n+k}——第 $n+k$ 个波峰的峰值。

六、预习思考题

动应变测试中选择电阻应变片要考虑哪些因素？

实验五　简支钢桁架非破坏实验

实验五

一、实验目的

（1）进一步学习和掌握几种常用仪器仪表的性能、安装和使用方法。

（2）通过对桁架节点位移、杆件内力、支座处上弦杆转角的测量分析桁架结构的工作性能，并验证理论计算的准确性。

二、试件及实验设备

（1）试件为一钢桁架，跨度为 4.2m，上下弦及腹杆采用等边角钢 2∠50×4，节点板厚 $\delta=4\text{mm}$，单根截面积为 3.897cm^2，测点布置如图 2-5-1 所示。

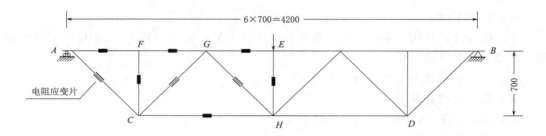

图 2-5-1　实验钢桁架尺寸及测点布置图（单位：mm）

（2）加载设备：手动液压千斤顶 [图 2-5-2(a)]。

（3）加载仪器：静态电阻应变仪、百分表、倾角仪及表架、测力计 [图 2-5-2(b)]、钢卷尺及其他工具等。

（a）手动液压千斤顶　　　　　　　　（b）测力计

图 2-5-2　实验设备

实验装置如图 2-5-3 所示。

三、实验方案

桁架实验一般多采用垂直加荷方式，加荷过程中要特别注意安全，应根据预先估计的

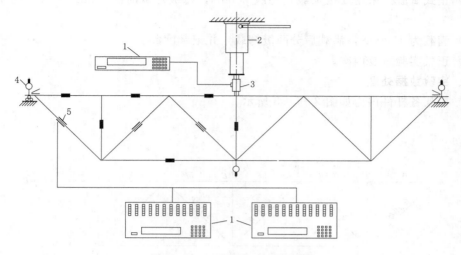

图 2-5-3　钢桁架实验装置图

1—应变仪；2—千斤顶；3—压力传感器；4—百分表或挠度计；5—应变片

可能破坏情况设置防护支撑，以防止损坏仪器设备和造成人身事故。

　　桁架实验支座的构造可以采用梁实验的支撑方法，支撑中心线的位置需准确，其偏差对桁架端节点的局部受力影响较大，故应严格控制。

　　桁架实验可采用液压千斤顶加荷，实验时应使桁架受力稳定、对称，防止平面外失稳破坏，同时，还要充分估计液压系统中液压缸（或千斤顶）的有效行程，防止因行程不足而影响试验的进行。荷载分级可参照梁的实验。

　　观测项目一般有强度、挠度和杆件内力等。测量挠度可采用挠度计，测点一般布置于下弦节点。为测量支座沉降，在桁架两支座的中心线上应安装垂直方向的位移计。杆件内力测量可用电阻应变片或接触式应变计，其安装位置随杆件受力条件和测量要求而定。

　　本实验采用缩小比例尺寸的钢桁架作非破坏实验，以达到学习的目的。其实验装置如图 2-5-3 所示，采用中点加载，用手动千斤顶施加，用拉压力传感器连接静态电阻应变仪显示荷载值。杆件应变测量点均设置在每一杆件的中间区段，电阻应变片或杠杆式引伸仪均装在截面的重心连线上，如图 2-5-4 所示。

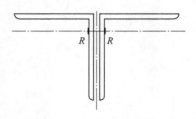

图 2-5-4　测点的布置

　　挠度测点均布置在桁架下弦节点上，同时支座处还应装置百分表测量支座沉降值及侧移值。

　　四、实验步骤

　　（1）检查试件和实验装置，安装仪表。电阻应变片已经预先贴好，只需检查阻值和接线测量。

　　（2）加 4000N 荷载作预载实验，测取读数，检查装置、试件和仪表工作是否正常，然后卸载，把发现的问题及时排除。

　　（3）仪表重新调零，记取初读数，做好记录和描绘试验曲线的准备。

（4）正式试验。采用 5 级加载，每级 2000N，每级停歇时间 5min，停歇的中间时间读数。

（5）满载为 10000N，满载后分两级卸载，并记录读数。

（6）正式实验重复两次。

五、实验数据处理

（1）桁架各杆件内力如图 2-5-5 所示。

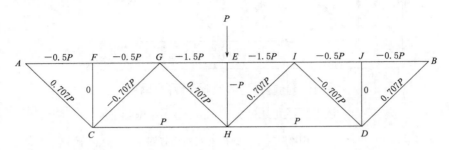

图 2-5-5　实验桁架内力图

（2）桁架下弦 H 节点的理论挠度值：

$$f_H = \frac{9618.8P}{AE}$$

式中　A——实测杆件的截面面积；

　　　E——实测杆件材料的弹性模量。

六、预习思考题

测定杆件内力的应变片应贴在什么位置？

实验六（上）

实验六（下）

实验六　钢筋混凝土简支梁弯曲破坏实验

一、实验目的

（1）通过对钢筋混凝土简支梁受弯曲的强度、刚度及抗裂度的实验测定，进一步掌握钢筋混凝土受弯构件实验的过程。

（2）学习常用仪器仪表的选用原则和使用方法。

（3）掌握静载实验量测数据的整理、分析和表达方法。

二、试件及实验设备

（1）试件为一普通钢筋混凝土简支梁，截面尺寸及配筋如图2-6-1所示。

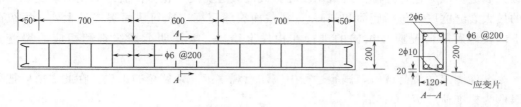

图2-6-1　预制钢筋混凝土简支梁截面尺寸与配筋图

（混凝土等级：C20；配筋：HRB335，2φ10。）

（2）加载设备：手动液压千斤顶［图2-6-2(a)］。

（3）静态电阻应变仪。

（4）测力计［图2-6-2(b)］。

（5）位移计及表架。

（6）电阻应变片及导线。

（7）压力传感器。

（8）裂缝观测仪［图2-6-2(c)］。

（9）钢卷尺及其他工具等。

  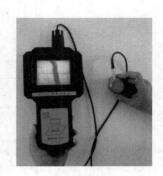

（a）手动液压千斤顶　　　　（b）测力计　　　　（c）裂缝观测仪

图2-6-2　实验设备

三、实验方案

为研究钢筋混凝土梁的工作性能，主要测定其强度、刚度、抗裂度及各级荷载下的挠度和裂缝开展情况，另外测量控制区段的应变大小和变化，找出刚度随外荷变化的规律。

梁的实验荷载一般较大，多点加载常采用同步液压加载方法。构件实验荷载的布置应符合设计的规定，当不符合设计的要求时，应采用等效荷载的原则进行代换，使构件在实验荷载下产生的内力图与设计的内力图相近似，主要使两者在最大受力部位的内力值相等。

实验梁一般采用分级加载，在标准荷载以前分 5 级。作用在试件上的试验设备重量及试件自重等应作为第一级荷载的一部分。

用眼睛和放大镜观察裂缝的发生和发展，用裂缝观测仪测量裂缝的宽度。在标准荷载下最大裂缝宽度应包括正截面裂缝宽度和斜截面裂缝宽度。正截面裂缝宽度应取受拉钢筋处的最大裂缝宽度（包括底面和侧面）；斜截面裂缝宽度应取斜截面裂缝最大处。每级荷载下的裂缝发展情况应按试验的进行在构件上绘出，并注明荷载级别和相应的裂缝宽度值。

为准确测定发裂荷载值，试验过程中应注意观察第一条裂缝的出现。在此之前应把荷载级取为标准荷载 P^b 的 5%。

当试件接近破坏时，注意观察试件的破坏特征并确定出破坏荷载值。依据《混凝土结构试验方法标准》（GB/T 50152—2012）的规定：当发现下列情况之一时，即认为该构件已经达到破坏，并以此时的荷载作为试件的破坏荷载值。

（1）正截面强度破坏：

1）受压区混凝土破损。

2）纵向受拉钢筋被拉断。

3）纵向受拉钢筋达到或超过屈服强度后致使构件挠度达到跨度的 1/50；或构件纵向受拉钢筋处的最大裂缝宽度达到 1.5mm。

（2）斜截面强度破坏：

1）受压区混凝土剪压或斜拉破坏。

2）箍筋达到或超过屈服强度后致使斜裂缝宽度达到 1.5mm。

3）混凝土斜压破坏。

（3）受力筋在端部滑脱或其他锚固破坏

确定试件的实际发裂荷载和破坏荷载时，应包括试件自重和作用在试件上的垫板、分配梁等加荷设备重量。

本实验的具体方案如下：

实验装置和测点布置如图 2-6-3 所示。混凝土简支梁两点加荷。纯弯区段混凝土表面设置电阻应变片测点，每侧 3 片。

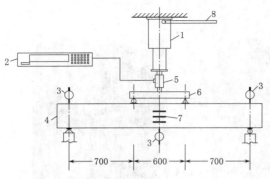

图 2-6-3　梁实验装置和测点布置

1—手动液压千斤顶；2—应变仪（YE2538）；3—挠度计或百分表；4—试件；5—拉压力传感器；6—分配梁；7—应变片；8—千斤顶摇柄

另外梁内受拉主筋上布置有电阻应变片两个。挠度测点 3 个：跨中一点、支座沉降点两个。

四、实验步骤

（1）按破坏荷载 P_p 的 10％分级算出加载值。自重和分配梁等作为初级荷载计入。

（2）按"电阻应变片粘贴技术"要求贴好应变片，做好防潮防水处理，引出导线。装好挠度计或百分表。

（3）进行 1～3 级预载实验，测取读数，观察试件、装置和仪表工作是否正常并及时排除。

（4）正式实验。自重及分配梁等作为第一级荷载值，不足 P^b 的 20％或 40％时，则用外加荷载补足。每级停歇 5min，并在前后两次加载的中间时间读数并记录。

（5）随着实验的进行，注意仪表及加荷装置的工作情况，细致观察裂缝的发生、发展和构件的破坏形态。

五、实验数据处理

（1）将实测的发裂荷载 P_f^S、破坏荷载 P_p^S 与计算值 P_f 和 P_p 进行比较，并分析其产生差异的原因。

（2）根据实测得到的 $M - w$ 曲线与理论值进行比较，并分析差异的原因。

（3）对梁的破坏形态和特征作出评定。

六、预习思考题

（1）计算发裂荷载 P_f 和破坏荷载 P_p 的理论值。

（2）实验过程中需要采取哪些安全措施？

实验七　钢筋混凝土受压构件破坏实验

一、实验目的

（1）通过试验观察钢筋混凝土短柱偏心受压承载过程及破坏特征。

（2）了解偏心受压短柱中央截面应力分布状态、侧向弯曲以及裂缝分布和开展过程。

（3）测定偏心受压短柱极限承载力，并验证钢筋混凝土短柱偏心受压承载力计算方法。

（4）初步掌握偏心受压短柱静载实验的一般过程和测试方法。

二、试件及实验设备

（1）试件为一普通钢筋混凝土简支梁，截面尺寸及配筋如图 2-7-1 所示。

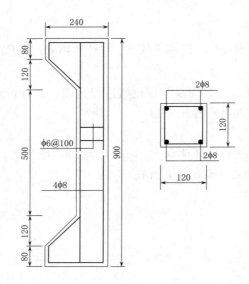

图 2-7-1　预制钢筋混凝土简支梁截面与配筋图

（2）加载设备：长柱试验机。

（3）静态电阻应变仪。

（4）位移计及表架。

（5）电阻应变片及导线。

（6）裂缝观测仪、钢卷尺及其他工具等。

三、实验方案

钢筋混凝土构件受压实验多采用正位实验，在长柱试验机或承力架配合同步液压加载设备上进行，如图 2-7-2 所示。常用铰支座有刀铰和球铰两种形式。球铰加工困难，精度不易保证，摩阻力大；刀铰加工方便，比较灵活可靠。

测点布置：在受压构件的中央截面混凝土受拉面及受压面各布置两个应变测点；纵向受力钢筋各布置一个应变测点；在受压构件的中央侧面、1/4 和 3/4 柱长截面处各安装一个位移计,用来测量短柱的侧向位移(图2-7-3)。

图2-7-2 长柱试验机

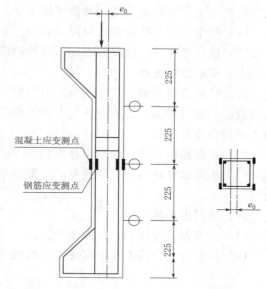

图2-7-3 实验装置及测点布置

试件安装时应将试件轴线对准作用力的中心线,即几何对中。此外,还应进行力学对中,即加载约达标准荷载的20%左右时,测量柱子中间区段两侧或四角的应变,并调整作用力轴线,使各点应变基本均匀。力学对中后沿加力中心线量出偏心距离 $e_0=25mm$,再把加力点移至偏心距上进行偏心受压试验。

柱子加载一般按估计破坏荷载的1/15~1/10分级施加,接近发裂荷载或破坏荷载时,加载值应减至1/4~1/2原分级值。

观测项目主要有各级荷载下的侧向挠度、控制截面或区段的应力及其变化规律、裂缝的开展、发裂荷载值及破坏荷载值等。

四、实验步骤

1. 试件就位

(1) 试件就位之前,将混凝土应变测点表面清理干净,粘贴好应变片,并用导线引出。

(2) 试件就位及几何对中后,再进行力学对中,然后将加载点移至偏心距处,加适量的初载,固定好试件,并安装好位移计。

(3) 各测量仪器调零或读取初读数。

2. 加载方法

(1) 采用分级加载,每级加载10%~15%破坏荷载。

(2) 每加一级荷载,持荷5min,开始测读各测点读数。

3. 测试内容

(1) 测定每级荷载下中央截面混凝土和钢筋的应变值。

（2）测定每级荷载下试验柱的侧向位移值。

（3）用放大镜仔细观测纵向裂缝的出现，并标记裂缝出现的部位及延伸长度，用裂缝观测仪测定主要裂缝的宽度，并做详细记录。

（4）测定柱的开裂荷载及极限承载力。

（5）试件破坏后，绘制偏心受压短柱的破坏形态图。

五、实验数据处理

（1）计算各级荷载下，靠近纵向力一侧（正面）受力钢筋及混凝土应变平均值和离纵向力较远一侧（背面）受力钢筋及混凝土应变平均值，并绘出中央控制截面前六级荷载混凝土平均应变分布图。

（2）计算侧向位移，绘制端柱实测 N – f（控制截面侧向位移）曲线。

（3）根据试件材料的实测强度，计算偏心受压构件极限承载力，并与实测承载力进行比较。

六、预习思考题

（1）计算偏心受压构件极限承载力。

（2）实验过程中需要采取哪些安全措施？

第三部分 实验报告

实验一 机测仪表的构造和使用实验

实验日期： 　　　　同组成员：

一、实验目的及原理

二、实验设备和测量仪器

三、实验数据记录及数据处理

1. 等强度梁的几何尺寸及贴片位置。

2. 挠度记录表。

荷载/N	第1次加载		第2次加载		第3次加载		挠度平均值/mm	挠度理论值/mm
	读数	挠度/mm	读数	挠度/mm	读数	挠度/mm		
0								
4.9								
9.8								
14.7								
9.8								
4.9								
0								

3. 应变记录表。

荷载/N	第1次加载			第2次加载			第3次加载			ΔL平均值	ε实测值	ε理论值
	读数		ΔL/mm	读数		ΔL/mm	读数		ΔL/mm			
0	上			上			上					
	下			下			下					
4.9	上			上			上					
	下			下			下					
9.8	上			上			上					
	下			下			下					
14.7	上			上			上					
	下			下			下					
9.8	上			上			上					
	下			下			下					
4.9	上			上			上					
	下			下			下					
0	上			上			上					
	下			下			下					

4. 画出悬臂端的实测与理论荷载-挠度曲线。

5. 比较应变、挠度的实测值和理论值，分析产生差别的原因。

四、思考题

机测仪表中常用哪些放大零件？

实验二　电阻应变片粘贴技术及静态电阻应变仪的操作实验

实验日期：　　　　　　　同组成员：

一、实验目的及原理

二、实验设备和测量仪器

三、实验数据记录及数据处理

1. 等强度梁的几何尺寸及贴片位置。

2. 实验结果记录表。

项目 \ 荷载	加载				卸载		
	0N	4.9N	9.8N	14.7N	9.8N	4.9N	0N
第 1 次加载							
第 2 次加载							
第 3 次加载							
平均应变/$\mu\epsilon$							
应力/MPa							
理论应力/MPa							
相对误差							

3. 结论。与实验一的理论计算和实测结果进行分析比较，并做出分析。

四、思考题

简述实验过程和选片、贴片、焊接等应注意的事项，如在贴片过程中出现故障，试分析原因及你所排除的方法。

实验三　电阻应变片灵敏系数的测定实验

实验日期：　　　　　　同组成员：

一、实验目的及原理

二、实验设备和测量仪器

三、实验数据记录及数据处理

1. 等强度梁的几何尺寸及贴片位置。

2. 实验结果记录表。

| 序号 | 荷载/N | 实测 $\varepsilon_{仪}$ /$\mu\varepsilon$ | | | | | 计算值 | | $K = \dfrac{\varepsilon_{仪}}{\varepsilon_{计}} K_{仪}$ | K 平均值 |
		第1次加载	第2次加载	第3次加载	$\varepsilon_{仪}$ 平均值	$K_{仪}$	$\sigma_{理论}$ 值	$\varepsilon_{计}$ /$\mu\varepsilon$		
1	0				—		—	—	—	
2	4.9									
3	9.8									
4	14.7									

3. 计算（K_i 为各次的测量值）。

平均值
$$\overline{K} = \frac{K_i}{n}$$

标准偏差
$$\delta = \frac{1}{\overline{K}} \sqrt{\frac{\sum_{i=1}^{n} (K_i - \overline{K})^2}{n-1}} \times 100\%$$

四、思考题

影响 K 值精度的主要因素。

实验四　悬臂梁动力特性的测定实验

实验日期：　　　　　　同组成员：

一、实验目的及原理

二、实验设备和测量仪器

三、实验数据记录及数据处理

1. 振动曲线（挠度-时间曲线）。

2. 实验数据汇总表。

荷载		X		T /s	$\omega=\dfrac{2\pi}{T}$	$\xi\approx\dfrac{1}{2k\pi}\ln\left(\dfrac{L_n}{L_{n+k}}\right)$	$\omega_{理论}=\sqrt{\dfrac{2EI}{ML^3}}$	误差 /%
		波峰	波谷					
1	加载 9.8N							
2	加载 19.6N							
3	加载 29.4N							

3. 分析实测应变、自振频率与理论值的差异及产生的原因。

四、思考题

分析不同的荷载对结构自振频率的影响。当荷重块重量比梁本身重量大很多时，可用其他什么方法简单测定结构的自振频率，试比较二者的差异。

实验五　简支钢桁架非破坏实验

实验日期：　　　　　　　同组成员：

一、实验目的及原理

二、实验设备和测量仪器

三、实验数据记录及数据处理

1. 各级荷载条件下 H 节点的实测值与理论值。

P/kN	A 点/mm	B 点/mm	H 点/mm	实测挠度/mm	理论挠度/mm	误差/%
0						
2						
4						
6						
8						
10						
4						
0						

2. 分别绘出下弦 H 点的 P-f 实验曲线和理论曲线。

3. 桁架各杆件的内力分析。从杆件的实测应变值求出内力值，并与理论计算值（$P=\varepsilon EA$）比较。将数值填入下页表中。

四、思考题

根据实验结果与理论计算的比较，讨论理论计算的准确性，并根据实验结果的综合分析，对桁架的工作状态作出结论。

测点	荷载																				
---	2kN				4kN				6kN				8kN				10kN			
	应变/με	P实测/kN	P理论/kN	误差/%	应变/με	P实测/kN	P理论/kN	误差/%	应变/με	P实测/kN	P理论/kN	误差/%	应变/με	P实测/kN	P理论/kN	误差/%	应变/με	P实测/kN	P理论/kN	误差/%
1																				
2																				
3																				
4																				
5																				
6																				
7																				
8																				
9																				
10																				
11																				
12																				
13																				
14																				
15																				
16																				
17																				
18																				
19																				
20																				

实验六　钢筋混凝土简支梁弯曲破坏实验

实验日期：　　　　　　同组成员：

一、实验目的及原理

二、实验设备和测量仪器

三、实验数据记录及数据处理

1. 挠度测量记录表。

荷载	测点 1	测点 2	测点 3	挠度	理论值

2. 应变测量记录表。

荷载	测点 1	测点 2	测点 3	测点 4	测点 5	测点 6	测点 7

3. 根据实测得到的弯矩-挠度曲线与理论值进行比较，并分析其差异的原因。

4. 根据实测得到的弯矩-应变曲线与理论值进行比较，并分析其差异的原因。

5. 跨中截面应变沿高度的变化。

四、思考题

对梁的破坏形态和特征作出评定。

实验七 钢筋混凝土受压构件破坏实验

实验日期：　　　　　　　同组成员：

一、实验目的及原理

二、实验设备和测量仪器

三、实验数据记录及数据处理

1. 应变测量记录表。

荷载	正面钢筋	正面混凝土	平均	背面钢筋	背面混凝土	平均

2. 绘制中央控制截面前 6 级荷载混凝土平均应变分布图。

3. 绘制端柱实测 N - f （控制截面侧向位移）曲线。

4. 根据试件材料的实测强度，计算偏心受压构件极限承载力，并与实测承载力进行比较。

四、思考题

对偏心受力柱的破坏形态和特征作出评定。

参 考 文 献

［1］ 周明华．土木工程结构试验与检测［M］.3版．南京：东南大学出版社，2013.

［2］ 藤智明，朱金铨．混凝土结构及砌体结构［M].2版．北京：中国建筑工业出版社，2003.

［3］ 混凝土结构试验方法标准：GB 50152—92［S］.北京：中国建筑工业出版社，1992.

［4］ 建筑结构检测技术标准：JGJ 101—96［S］.北京：中国建筑工业出版社，1992.

［5］ 王济川．建筑结构试验指导［M］.北京：中国建筑工业出版社，1985.